CONTRIBUTIONS A LA FAUNE MALACOLOGIQUE FRANÇAISE

II

CATALOGUE

DES

MOLLUSQUES

TERRESTRES ET AQUATIQUES

DES ENVIRONS DE LAGNY

— SEINE-ET-MARNE —

PAR

ARNOULD LOCARD

LYON

IMPRIMERIE PITRAT AINÉ

4, RUE GENTIL, 4

1881

CATALOGUE

DES

MOLLUSQUES

TERRESTRES ET AQUATIQUES

DES ENVIRONS DE LAGNY

— SEINE-ET-MARNE —

Extrait des *Annales de la Société Linnéenne de Lyon*
tome XXVIII, année 1881

CONTRIBUTIONS A LA FAUNE MALACOLOGIQUE FRANÇAISE

II

CATALOGUE

DES

MOLLUSQUES

TERRESTRES ET AQUATIQUES

DES ENVIRONS DE LAGNY

— SEINE-ET-MARNE —

PAR

ARNOULD LOCARD

LYON
IMPRIMERIE PITRAT AINÉ
4, RUE GENTIL, 4

1881

II

CATALOGUE DES MOLLUSQUES TERRESTRES ET AQUATIQUES DES ENVIRONS DE LAGNY

— SEINE-ET-MARNE —

La ville de Lagny, située dans le département de Seine-et-Marne, à une heure de Paris, par le chemin de fer, sur la ligne de Strasbourg, s'étage pittoresquement sur les bords de la Marne. Tout autour sont groupés de coquets villages, tantôt entourés de bois, tantôt dispersés au milieu des champs et des jardins si admirablement cultivés de la Brie.

Deux causes nous ont sollicité à donner le catalogue de la faune malacologique de cette petite région : la première, c'est que par suite même de la nature géologique et pétrographique de son sol, on devait nécessairement trouver un nombre relativement restreint de formes, qu'il est dès lors toujours intéressant d'étudier; la seconde, c'est que nous avons été assez heureux pour y découvrir la présence de certains types nouveaux ou peu connus, dont la description vient ainsi enrichir le catalogue de la faune française.

Le sol des environs de Lagny appartient aux formations éocènes des meulières de la Brie, des dépôts du gypse et de leurs marnes surbordonnées. Or, il est notoirement reconnu qu'en général les mollusques se plaisent peu dans de tels milieux, parce qu'ils y trouvent plus difficilement la matière calcaire indispensable à la constitution de leur test. Cependant, ayant à diverses reprises, et pendant cinq années, poursuivi nos recherches malacologiques dans ce charmant pays, nous sommes arrivés à récolter un assez grand nombre de formes dont quelques-unes sont plus particulièrement intéressantes.

Nos investigations ne se sont pas exclusivement bornées aux environs immédiats de la ville de Lagny. Longeant de l'est à l'ouest les rives de la Marne, nous avons pu en étudier la faune depuis Chalifert jusqu'à Chelles, tout en nous étendant dans la vallée jusque sur les hauteurs voisines. Enfin, nous avons également parcouru tout ce petit promontoire que contourne si gracieusement la rivière depuis Lagny jusqu'à Annet, en comprenant les villages de Pomponne, Thorigny, Carnetin et Dampmart.

GASTEROPODA INOPERCULATA

PULMONACEA

ARIONIDÆ

Genre **ARION**, Ferussac.

Arion empiricorum, Ferussac.

Limax rufus, Linné, 1758. *Systema naturæ*, éd. X, p. 652.
Arion rufus, Moquin-Tandon, 1856. *Hist. moll.*, II, p. 10, pl. I, fig. 1-2.

Très commun ; dans les endroits frais, humides : au bord de la Marne, dans les prairies et les sentiers qui l'avoisinent sur ses deux rives ; dans les bois humides, dans les jardins potagers, etc.

Arion hortensis, Ferussac.

Arion hortensis, Ferussac, 1819. *Hist. moll.*, p. 65, pl. II, fig. 4-6.
— *fuscus*, Moquin-Tandon, 1855. *Loc. cit.*, p. 14, pl. I, fig. 28-30. (non Müller).

Très commun ; sous les pierres, au pied des plantes basses, sous les vieux bois et les détritus : dans tous les endroits frais et humides, principalement dans les jardins qui avoisinent la Marne.

LIMACIDÆ

Genre **LIMAX**, Linné.

Limax agrestis, Linné.

Limax agrestis, Linné, 1758. *Systema naturæ*, éd. X, I, p. 652.
— — Moquin-Tandon. *Loc. cit.*, II, p. 22, pl. II, fig. 18-22 ; pl. III, fig. 1-2.

Très abondant ; sous la terre et sous les pierres, sortant de préférence pendant la fraîcheur de la nuit, après les pluies : presque partout dans les champs et les jardins un peu frais ou humides.

Limax cinereo-niger, Wolf.

Limax cinereo-niger, Wolf, 1803. *In Sturm, Deut. fauna*, VI, I, p. 13.
— *maximus* (pars), Moquin-Tandon. *Loc. cit.*, II, p. 29.

Peu commun ; sous les bois morts, au pied des vieux troncs d'arbres : dans la partie la plus basse du bois de Chigny ; bois des Quinchoux près des carrières d'Annet.

Limax cinereus, Lister.

Limax cinereus, Lister, 1678. *Hist. anim. Angl.*, II, fig. 15.
— *maximus* (pars), Moquin-Tandon. *Loc. cit.*, p. 28, pl. IV, fig. 1-8.

Assez commun ; dans les prés, au bord des chemins, sous les buissons : tout le long de la rive gauche de la Marne, entre Lagny et Chalifert ; quelquefois sous les pierres dans les jardins, ou au pied des vieux murs humides.

Limax arborum, Bouchard-Chantereaux.

Limax arborum, Bouchard-Chantereaux, 1838. *Moll. Pas-de-Calais*, p. 88.

Assez rare ; au pied des vieux arbres, ou quelquefois sur leur tronc : le bois de Chigny, les bords de la Marne entre Quinquengrogne et Chalifert, bois des Quinchoux près des carrières d'Annet, bois des Vallières.

Limax variegatus, Draparnaud.

Limax variegatus, Draparnaud, 1801. *Tabl moll.*, p. 103 (n. Lowe).
— — Moquin-Tandon, 1855. *Loc. cit.*, p. 35, pl. III, fig. 39.

Assez commun ; sous les pierres et les vieux bois pourris, dans les caves, les celliers, les puits : presque partout.

Genre KRYNICKIA, Kalenickzenski.

Krynickia brunnea, Draparnaud.

Limax brunneus, Draparnaud, 1805. *Tabl. moll.*, p. 104 ; *Hist. moll.*, p. 128.

Assez rare ; sous les pierres et les détritus : dans les parties couvertes qui avoisinent les bords de la Marne, notamment entre Lagny et Chalifert.

COLIMACIDÆ

Genre VITRINA, Draparnaud.

Vitrina pellucida, MÜLLER.

Helix pellucida, Müller, 1774. *Verm. terr. et fluv. hist*, II, p. 15.
Vitrina beryllina, Dupuy, 1847. *Hist. nat. moll.*, p. 60, tab. I, fig. 6.
— *pellucida*, Moquin-Tandon. *Loc. cit.*, p. 52, pl. VI, fig. 33-36.

Rare ; un seul échantillon : dans les bois de Chigny, derrière le château.

Genre SUCCINEA, Draparnaud.

Succinea putris, LINNÉ.

Helix putris, Linné, 1758. *Syst. nat.*, éd. X, p. 774 (n. Penn., n. Fer.).
Succinea putris, Dupuy. *Loc. cit.*, p. 77, tab. I, fig. 13.
— — Moquin-Tandon. *Loc. cit.*, p. 55, pl. VII, fig. 1-5.

Très commun ; sur les herbes, sur les buissons, au bord de la Marne, sur tout son parcours, et plus particulièrement sur la rive gauche entre Lagny et Chalifert. — Il n'est pas rare de trouver en automne des individus dont la taille atteint de 20 à 25 mill. de hauteur.

Succinea Pfeifferi, ROSSMÄSSLER.

Succinea Pfeifferi, Rossmässler, 1835. *Iconographie*, p. 92, fig. 46.
— — Dupuy. *Loc. cit.*, p. 73, tab. I, fig. 12.
— — Moquin-Tandon. *Loc. cit.*, p. 59, pl. VII, fig. 8-31.

Assez commun ; même habitat que la forme précédente, avec laquelle il vit dans toute la contrée. — Nous avons récolté à Lagny même, sur la rive gauche de la Marne, un individu subscalaire.

Succinea acrambleia, J. MABILLE.

Succinea acrambleia, J. Mabille, 1870. *Malac. bass. Paris*, p. 91, fig. 4.
— Baudon, 1877. *Mon. Succ. Franç.*, p 36, pl. VII, fig. 4.

Rare ; cette forme signalée pour la première fois dans les prairies de la Marne, aux environs de Jaulgonne (1), se retrouve également plus à l'ouest, et dans les mêmes conditions d'habitat. — « Cette espèce, dit M. Bourguignat (2), est caractérisée par une coquille fluette, peu ventrue,

(1) *Succinea mamillata*, J. Mabille, 1869. *In Lallemant et Servain, Cat. Moll. env. Jaulgonne*, p. 11 (non *S. mamillata*, Beck, 1877).
(2) Bourguignat, 1877. *Aperçu genre Succinea*, p. 7.

bien acuminée, allant en s'élargissant graduellement, du sommet à la base de l'ouverture; par un test strié-rugueux; par une ouverture oblique; par un péristome souvent bordé de noir; etc. »

Succinea Baudoni, Bourguignat.

*Succinea arenaria (*var. *Baudoni)*, Moquin-Tandon. *Loc. cit.*, p. 62.
— *Baudoni*, Bourguignat, 1856. *Aménités malac.*, I, p. 139, pl. X, fig. 1-5.

Nous n'avons pas récolté cette forme; cependant nous croyons devoir la citer dans ce catalogue, d'après les indications de MM. Lallemant et Servain et de M. Bourguignat, qui la signalent comme paraissant spéciale aux prairies qui longent les cours de l'Oise et de la Marne.

Succinea oblonga, Draparnaud.

Succinea oblonga, Draparnaud, 1801. *Tabl. moll.*, p. 56. — *Hist. moll.*, p. 59, pl. III, fig. 24-25.
— — Dupuy. *Loc cit.*, p. 71, tab. I, fig. 9.
— — Moquin-Tandon. *Loc. cit.*, p. 61, pl. VII, fig. 32-33.

Peu commun; sur les tiges des plantes aquatiques: quelquefois sur les herbes qui croissent sur les balmes de la Marne, plus rarement dans les prairies qui avoisinent Lagny, Quinquengrogne, Chalifert, Lagny, Torcy, Gibet d'Orgemont, etc.

Succinea arenaria, Bouchard-Chantereaux.

Succinea arenaria, Bouchard-Chantereaux, 1878. *Cat. moll. Pas-de-Calais*, p. 54.
— — Dupuy. *Loc. cit.*, p. 69, tabl. I, fig. 10.
— — Moquin-Tandon. *Loc. cit.*, p. 62, pl. VII, fig. 31-36.

Assez rare; sur les tiges des plantes basses qui croissent au bord de la Marne, sous les vieux bois : les environs de Lagny, sur la rive gauche de la Marne, à l'est de la ville.

Genre HYALINIA, Agassiz.

Hyalinia lucida, Draparnaud.

Helix lucida, Draparnaud, 1801. *Tabl. moll.*, p. 96 (non pars auct.).
— — Dupuy. *Loc. cit.*, p. 232, tab. X, fig. 8; tab. XI, fig. 1.
Zonites lucidus, Moquin-Tandon. *Loc. cit.*, p. 75, pl. VIII, fig. 29-35.

Assez commun; sous les pierres, le long des murailles, dans les endroits frais et humides, couverts : Lagny, Pomponne, Saint-Thibault, Gouvernes, Guermantes.

Hyalinia septentrionalis, BOURGUIGNAT.

Zonites septentrionalis, Bourguignat, 1870. *Moll. nouv., etc , in Rev. mag. zool.,* t. XXII, p. 17, pl. XVI, fig. 4-6.

Assez rare ; sous les pierres : dans les chemins qui longent la Marne sur la rive gauche à l'est de Lagny ; dans les alluvions de la Marne à l'ouest de la ville.

Hyalinia cellaria, MÜLLER.

Helix cellaria, Müller, 1774. *Verm. terr. et fluv. hist.,* II, p. 38.
— — Dupuy. *Loc. cit.,* p. 230, tab. X, fig. 7.
Zonites cellarius, Moquin-Tandon. *Loc. cit.,* p. 78, pl. IX, f. 1-2.

Assez rare ; sous les bois pourris, sous les détritus, dans les endroits frais, couverts, un peu humides : le bois de Chigny, Chessy, Dampmart, les alluvions de la Marne.

Hyalinia nitens, MICHAUD.

Helix nitens, Michaud, 1831. *Compl. Hist. moll.,* p. 44, pl. XV, fig. 1-3.
— — Dupuy. *Loc. cit.,* p. 234, tab. XI, fig. 2.
Zonites nitens, Moquin-Tandon. *Loc. cit.,* p. 84, pl. IX, fig. 14-18.

Assez rare ; sous les pierres et les feuilles mortes, sous les vieux bois et les détritus, souvent au bord de l'eau, dans les sentiers qui longent la Marne : les environs de Lagny, Chelles, Chalifert, Gouvernes, Guermantes.

Hyalinia subnitens, BOURGUIGNAT.

Zonites subnitens, Bourguignat, 1871. *In* J. Mabille, *Hist. malac. Paris.,* p. 116.

Rare ; nous n'avons observé qu'un seul individu bien caractérisé, récolté dans les alluvions de la Marne, sur la rive droite, vis-à-vis Pomponne. — Cette forme se distingue de la précédente par son galbe plus bombé, une spire plus haute, son dernier tour moins dilaté vers l'ouverture ; elle est également très voisine du *Hylinia nitidula.*

Hyalinia nitida, MÜLLER.

Helix nitida, Müller, 1774. *Verm. terr. et fluv. hist.,* II, p. 32. (n. Gmelin, n. Draparnaud).
— — Dupuy. *Loc. cit.,* p. 22, tab. X, fig. 4.
Zonites nitidus, Moquin-Tandon. *Loc. cit.,* p. 72, pl. VIII, fig. 11-15.

Très commun; dans les endroits humides, au bord de l'eau, sous les herbes et les pierres, dans les troncs d'arbres, sous les détritus : tout le long de la Marne.

Hyalinia Parisiaca, J. Mabille.

Zonites Parisiacus, J. Mabille, 1870. *Hist. bass. Paris.*, p. 22.

Peu commun ; dans les endroits très humides, couverts : les bords de la Marne sur la rive gauche, quelques jardins à l'ouest de Lagny.

Hyalinia crystallina, Müller.

Helix crystallina, Müller, 1874. *Verm. terr. et fluv. hist.*, p. 23.
— — Dupuy. *Loc. cit.*, p. 242, tab. XI, fig. 6.
Zonites crystallinus, Moquin-Tandon. *Loc. cit.*, p. 89, pl. X, fig. 26-29.

Assez rare ; nous ne l'avons pas récolté vivant ; mais nous en avons constaté la présence dans les alluvions de la Marne à l'ouest de Lagny, sur la rive droite de la rivière.

Hyalinia subterranea, Bourguignat.

Zonites subterraneus, Bourguignat, 1856. *Amén. malac.*, I, p. 194, pl. XX, fig. 13-18.

Rare ; dans les alluvions de la Marne avec la forme précédente. — On reconnaîtra le *Hyalinia subterranea* à son ombilic très ouvert, à son péristome bordé, à ses tours de spire renflés, arrondis et non aplatis au dessous de la coquille, à sa spire aplatie en dessus, à son ouverture fortement échancrée et exactement arrondie, etc.; sa taille est ordinairement un peu plus petite que celle du *Hyalinia cristallina.*

Hyalinia fulva, Müller.

Helix fulva, Müller, 1774. *Verm. terr. et fluv. hist.*, II, p. 56.
— — Dupuy. *Loc. cit.*, p. 175, tab. VII, fig. 11.
Zonites fulvus, Moquin-Tandon. *Loc. cit.*, p. 67, pl. VIII, fig. 1-4.

Peu commun ; dans les alluvions de la Marne, à l'ouest de Lagny, sur la rive droite de la rivière.

Genre HELIX, Linné.

Helix pomatia, Linné.

Helix pomatia, Linné, 1758. *Systema naturæ*, éd. X, p. 771.
— — Dupuy. *Loc. cit.*, p. 105, tab. II, fig. 4.
— — Moquin-Tandon. *Loc. cit.*, p. 179, pl. XIV, fig. 1-9.

Commun; surtout dans les terrains un peu forts, argilo-marneux, sur les pentes des coteaux et sur les plateaux : presque partout, dans les vignes et les bois.

Helix aspersa, Müller.

Helix aspersa, Müller, 1774. *Verm. terr. et fluv. hist* , II, p. 59.
— — Dupuy. *Loc. cit.*, p. 108, tab. III, fig. 1.
— — Moquin-Tandon. *Loc. cit.*, p. 173, pl. XIII, fig. 14-32.

Très commun; dans les endroits frais, un peu humides, couverts et ombragés, contre les murailles, sous les pierres, au pied des vieux troncs d'arbres : presque partout. — Nous avons retrouvé à Lagny même, dans les jardins, la var. *minor* figurée par Ferussac (pl. XVIII, fig. 12) ; l'un de nos échantillons mesure 22 millimètres de hauteur et de diamètre ; c'est le plus petit individu que nous connaissions de cette forme, dont le type normal mesure ordinairement de 32 à 35 mill. de hauteur.

Helix nemoralis, Linné.

Helix nemoralis, Linné, 1758. *Systema naturæ*, éd. X, p. 773.
— — Dupuy. *Loc. cit* , p. 138, tab. V, fig. 7 ; tab. VI, fig. 1.
— — Moquin-Tandon. *Loc. cit.*, p. 162, pl. XIII, fig. 1-6.

Très commun; dans tous les endroits un peu frais, ombragés ; dans les champs, les prés, surtout dans les jardins, vivant sur les buissons, les broussailles, les haies et les arbres fruitiers. — Dans les jardins situés à l'ouest de la ville de Lagny, il existe des colonies d'*Helix nemoralis* fort remarquables au point de vue de la coloration. Là, la plupart des individus ont leurs bandes soudées; sur un même arbre, nous avons récolté à plusieurs reprises trois et quatre individus de la belle sous-var. *Kleinia* dont toutes les bandes sont soudées; mais le fond au lieu d'être jaune clair est d'un fauve très foncé comme dans la sous-var. *castanea*. Un fait bien digne de remarque, c'est que de l'autre côté de la Marne, ou bien encore sur la même rive, mais plus à l'est, ces sous-variétés à bandes soudées font complètement défaut ; en outre le fond en est toujours beaucoup plus clair.

Helix hortensis, Müller.

Helix hortensis, Müller, 1774. *Verm. terr. et fluv. hist.*, II, p. 52.
— — Dupuy. *Loc. cit.*, p. 138, tab. VI, fig. 2.
— — Moquin-Tandon. *Loc. cit.*, p. 167, pl. XIII, fig. 7-9.

Très commun; dans les endroits frais, ombragés, souvent un peu humides, sur les buissons, les haies, les broussailles : principalement sur la rive droite de la Marne, beaucoup moins abondant sur la rive gauche. — Les plus belles colonies que nous ayons observées vivaient à Pomponne entre la route et le chemin de fer, et à Carnetin entre les carrières et la Marne; dans cette dernière station, nous avons, à diverses reprises, récolté des individus à bande noire ou à bandes transparentes, alors que le type jaune monochrome est incontestablement le plus commun. L'*Helix hortensis* des environs de Lagny est ordinairement d'une belle taille; nous n'avons pas retrouvé la *var. fusca* des environs de Paris. Enfin, quelques individus de Carnetin et d'Annet ont le bord du péristome rose ou violacé.

Helix arbustorum, Linné.

Helix arbustorum, Linné, 1758. *Systema naturæ*, éd. X, p. 758.
— — Dupuy. *Loc. cit.*, p. 59, pl. V, fig. 7.
— — Moquin-Tandon. *Loc. cit.*, p. 137, pl. XI, fig. 22-27.

Commun; dans les endroits très frais et humides, sur le gazon, sous les bois pourris et les détritus : dans les sentiers couverts qui longent la Marne, notamment entre Quinquengrogne et Chalifert, les environs de Lagny, Chigny, etc. — L'Helix arbustorum vit en colonies très populeuses; les individus sont en général de grande taille, avec la spire élancée ; souvent il affectent une tendance à la subscalarité.

Helix fruticum, Müller.

Helix fruticum, Müller, 1784. *Verm. terr. et fluv. hist.*, II, p. 71.
— — Dupuy. *Loc. cit.*, p. 199, tab. IX, fig. 4.
— — Moquin-Tandon. *Loc. cit.*, p. 196, pl. XVI, fig. 1-4.

Assez rare ; nous n'en avons rencontré que des individus morts, ils appartenaient au type ordinaire, avec une coloration cornée claire et sans bandes: Saint-Thibault, Pomponne, Lagny, Quinquengrogne, Chalifert, Graverolles.

Helix incarnata, Müller.

Helix incarnata, Müller, 1774. *Verm. terr. et fluv. hist.*, II, p. 63.
— — Dupuy. *Loc. cit.*, p. 208, tab. IX, fig. 8.
— — Moquin-Tandon. *Loc. cit.*, p. 199, pl. XVI, fig. 5-8.

Rare; nous n'en avons récolté que deux individus dans les alluvions de la Marne entre Thorigny et Pomponne.

Helix Matronica, J. Mabille.

Helix matronica, J. Mabille, 1877. *In Bull. Soc. zool.*, p. 306.
Hygromia matronica, Jousseaume, 1878. *In Bull. soc. zool. France*, p. 153, pl. III, fig. 28-29.

Très commun ; sous les touffes d'herbes, sous les feuilles, sur les troncs d'arbres, sous les pierres et les détritus, dans les endroits frais, un peu humides : presque partout, surtout aux environs de Lagny. — Cette forme souvent confondue avec les *Helix plebeia*, *H. sericea* et même *H. hispida*, s'en distingue cependant très facilement. Son galbe général est absolument celui de l'*Helix incarnata* dont elle est en quelque sorte la miniature. On la distinguera des Hispides que nous venons de citer, et dont elle a la taille, par sa spire plus élevée, par son ombilic très étroit, en partie masqué chez les individus bien adultes, par le développement du bord columellaire, par la forme de son ouverture dont la base seule est ornée d'un bourrelet, etc.

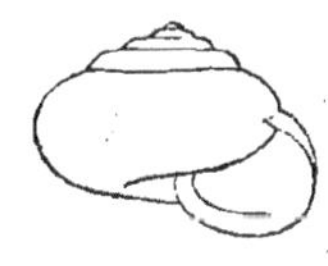

Helix badiella, Ziegler.

Helix badiella, Ziegler, mss (*Teste* Bourguignat).

Rare; les bords de la Marne, vers les douves de Pomponne, les bords de la route entre Thorigny et Pomponne. — L'*Helix badiella* forme avec les *Helix Matronica*, *H. urbana* et *H. Latiniacensis*, un petit groupe de formes locales voisines mais bien distinctes, représentant, dans cette station, le groupe des Hispides. L'*Helix badiella* se distingue par sa forme globuleuse, presque sphérique, renflée en dessous, analogue à celle de l'*Helix sericea* ; ses tours sont peu saillants, et séparés par une ligne suturale peu profonde ; les tours de spire, au nombre de 5 à 6, croissent rapidement, surtout les premiers; ils sont ornés plus particulièrement vers la suture de petites costulations assez régulières; l'ombilic est très étroit. De tels caractères permettront de distinguer facilement cette forme de l'*Helix Matronica* dont le galbe est nettement conique et les tours bien étagés.

Helix urbana, Coutagne.

Helix urbana, Coutagne, 1878. *In Sched.*

Assez commun : sur les bords de la Marne, aux environs de Lagny et de Pomponne.

« L'*Helix urbana* fait partie du groupe de l'*Hispida*; comparée à cette dernière, elle présente une croissance plus rapide et moins régulière; à égalité de diamètre, elle a cinq tours de spire quand l'*Hispida* en a six; le dernier tour est proportionnellement plus volumineux, en sorte que l'ouverture est moins échancrée par l'avant dernier tour; l'ouverture est en outre bien arrondie inférieurement et aussi haute que large; le dernier tour est également bien arrondi en dessous. L'ombilic qui, dans l'*Hispida*, est en entonnoir, c'est-à-dire qui montre par transparence, dans les coquilles bien vidées, une spirale régulière, est, au contraire, en forme de puits, la spirale croissant rapidement pendant les deux premiers tours, puis très lentement pendant les tours suivants, jusque dans le voisinage de l'ouverture, où elle s'épanouit un peu. Le test, d'un corné olivâtre assez foncé, est plus fragile, plus délicat, à stries plus régulières et plus accentuées, surtout près de la suture. Il présente quelquefois, mais rarement une bande claire analogue à celle de l'*Hispida*; le dernier tour est parfois légèrement subcaréné. Le bourrelet péristoméal, blanc et un peu épais, n'existe que sur la moitié inférieure de l'ouverture. — De 4 1/2 à 5 1/2 tours de spire; diam., 8 à 9 mill.; haut., 5 à 5 1/2 mill.

J'ai trouvé cette forme nouvelle en 1878 à Paris, 9, rue de l'Arsenal dans les ruines des bâtiments de l'ancienne raffinerie de salpêtre (bâtiments incendiés en 1871) et dans les jardins qui faisaient autrefois partie de cet établissement. Ces terrains, ruines et jardins abandonnés, sont actuellement des dépendances du dépôt central des poudres et salpêtres.» (Coutagne).

L'*Helix urbana* est une forme intermédiaire entre l'*Helix Matronica* et l'*Helix Latiniacensis;* son galbe est plus déprimé en dessus que celui de l'*Helix Matronica,* tout en gardant en dessous cette apparence un peu globuleuse; la spire est moins haute, les tours moins étagés; l'ouverture est plus arrondie et porte dans sa partie inférieure un demi bourrelet venant s'étaler sur l'infléchissement du bord columellaire; l'ombilic est plus étroit. On le distingue facilement de l'*Helix badiella* par son galbe moins globuleux, ses tours plus arrondis, séparés par une ligne suturale plus profonde, son ouverture plus grande, son ombilic un peu plus large, etc.

Helix Latiniacensis, nov. form.

Testa parva, superne depressa ac inferne vix globulosa; — subsolida, subpellucida, irregulariter tenuissime striatula, corneo-fulva, vel corneo-rubescente, ultimo anfractu subfasciata, hispidula ; pilis brevioribus, caducis, rariusculis atque rigidis ; — anfractibus 5 convexiusculis, sat regulariter crescentibus, sutura vix impressa separatis ; ultimo rotundato quandoque ad peripheriam obscure subangulato ; — apice obtuso, lævigato et corneo ; — ombilico angusto ; — apertura obliqua, parum lunata, transverse oblonga, vel ad basim fere recta ; — peristomate acuto, simplice ; marginibus subremotis ; margine columellari ad umbilicalem repente expanso ac reflexiusculo, intus subpatulo albescente.

Diam. max. : 7-10 mill.
Alt. max. : 4 1/2-5 mill.

Coquille de petite taille, d'un galbe déprimé en dessus, un peu globuleux en dessous ; — test peu solide, légèrement transparent, orné de stries irrégulières et très fines ; d'un corné fauve plus ou moins rougeâtre suivant les colonies, avec une bande blanchâtre à peine visible sur le dernier tour ; couvert de poils courts, raides, caducs, assez distants les uns des autres ; — spire composée de cinq tours peu saillants, croissant assez régulièrement, et séparés par une ligne suturale peu profonde ; le dernier tour arrondi à son extrémité, et légèrement subcaréné à sa naissance ; sommet obtus, lisse et corné ; — ombilic étroit, profond ; — ouverture oblique un peu allongée transversalement, presque droite à sa base ; — péristome aigu, bordé seulement sur le bord columellaire par un petit bourrelet blanchâtre, brusquement réfléchi et dilaté vers l'ombilic.

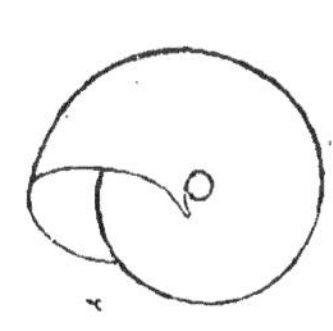

Cette forme nouvelle se distingue de toutes les Hispides par sa forme déprimée en dessus, par son ombilic très étroit, par son ouverture un peu allongée transversalement ornée à sa base d'un bourrelet blanc saillant. On ne saurait donc la confondre avec les *Helix hispida, H. plebeia, H. sericea.* Elle se rapproche surtout de l'*H. Matronica*, dont elle représente la forme la plus surbaissée, la plus déprimée. Quant à sa taille, elle varie suivant la nature des milieux ; sur les terrains siliceux comme ceux des environs de Lagny, elle est très petite, tandis que sur les calcaires elle devient beaucoup plus grande.

Nous l'avons reçu ou récolté dans plusieurs stations des environs de Paris : Lagny, Thorigny, Pomponne, Carnetin, dans Seine-et-Marne ;

Argenteuil, le château de Versailles dans Seine-et-Oise; Vincennes et Charenton dans le département de la Seine. Enfin, notre ami M. G. Coutagne vient de nous la rapporter des bois de Saint-Mandé et de la poudrerie de la rue de l'Arsenal, à la Bastille, dans Paris même.

Helix hispida, Linné.

Helix hispida, Linné, 1758. *Systema naturæ*, éd. X, p. 771.
— — Dupuy. *Loc. cit.*, p. 187, tab. VIII, fig. 10.
— — Moquin-Tandon. *Loc. cit.*, p. 224, pl. XVII, fig. 14-16.

Assez rare; sous les broussailles et les haies, sur les coteaux: Carnetin, Annet, Dampmart. — L'*Helix hispida* ordinairement si commun dans les environs de Paris, semble remplacé aux environs de Lagny par tout le groupe de l'*Helix Matronica*.

Helix carthusiana, Müller.

Helix carthusiana, Müller, 1774. *Verm. terr. et fluv. hist.*, II, p. 15.
— — Dupuy. *Loc. cit.*, p. 204, tab. IX, fig. 6.
— — Moquin-Tandon. *Loc. cit.*, p. 207, pl. XVI, fig. 20 26.

Très commun; dans les prairies et les champs, grimpant après la pluie sur les herbes et les plantes: les bords de la Marne sur tout son parcours; grands et beaux échantillons sur la rive droite, à l'est de Lagny.

Helix lapicida, Linné.

Helix lapicida, Linné, 1758. *Systema naturæ*, éd. X, p. 768.
— — Dupuy. *Loc. cit.*, p. 159, tab. V, fig. 7.
— — Moquin-Tandon. *Loc. cit.*, p. 137, pl. XI, fig. 22-27.

Assez rare; sous les troncs d'arbres moussus, sous les feuilles de lierre: le bois de Chigny, les alluvions de la Marne, à Lagny, sur la rive droite.

Helix obvoluta, Müller.

Helix obvoluta, Müller, 1774. *Verm. terr. et fluv. hist.*, II, p. 27.
— — Dupuy. *Loc. cit.*, p. 164, tab. VII, fig. 5.
— — Moquin-Tandon. *Loc. cit.*, p. 114, pl. X, fig. 26-30.

Assez rare; dans les endroits frais et ombragés, sous les pierres: le sentier couvert qui longe la Marne entre Quinquengrogne et Chalifert, les alluvions de la Marne à Pomponne.

Helix pulchella, Müller.

Helix pulchella, Müller, 1774. *Verm. terr. et fluv. hist.*, II. p. 30.
— — Dupuy. *Loc. cit.*, p. 161, tab. VII, fig. 3.
— — Moquin-Tandon. *Loc. cit.*, p. 140, pl. XI, fig. 34.

Commun; au pied des grands peupliers à Pomponne; dans la mousse à la source de Graverolles, au pied des carrières de Carnetin; dans les alluvions de la Marne.

Helix costata, Müller.

Helix costata, Müller, 1774. *Verm. terr. et fluv. hist.*, II, p. 31.
— — Dupuy. *Loc. cit.*, p. 162, tab. VII, fig. 4.
— *pulchella,* Moquin-Tandon. *Loc. cit.*, p. 140, pl. IX, fig. 31-33.

Peu commun ; dans les alluvions de la Marne entre Pomponne et Thorigny.

Helix pygmæa, Draparnaud

Helix pygmæa, Draparnaud, 1801. *Tabl. moll.*, p. 93.— *Hist. moll.*, p. 114, pl. VIII, fig. 8-10.
— — Dupuy. *Loc. cit*, p. 220, tab. X, fig. 3.
— — Moquin-Tandon. *Loc. cit.*, p. 103, pl. X, fig. 2-6.

Rare ; dans les alluvions de la Marne entre Pomponne et Thorigny. — Nous signalerons pour mémoire l'*Helix Servaini* Bourguignat (1), indiqué à Jaulgonne dans l'Aisne, et qui doit se retrouver aux environs de Lagny.

Helix rotundata, Müller.

Helix rotundata, Müller, 1774. *Verm. terr. et fluv. hist.*, II, p. 29.
— — Dupuy. *Loc. cit.*, p. 250, tab. XII, fig. 4.
— — Moquin-Tandon. *Loc. cit.*, p. 107, pl. X, fig. 9-12.

Commun ; dans les endroits frais et moussus, sous les pierres, dans les fentes des vieux murs, au pied des vieux troncs d'arbres : les environs de Lagny, Pomponne, Thorigny, Dampmart, Annet, etc.

Helix rupestris, Studer.

Helix rupestris, Studer, 1789. *Faun. Helv., in Coxe, Trav. Switz.*, III, p. 430.
— — Dupuy. *Loc. cit.*, p. 218, tab. XI, fig. 9.
— — Moquin-Tandon. *Loc. cit.*, p. 218, pl. XV, fig. 10-13.

(1) *Helix Servaini,* Bourguignat, 1869. *In Lallemant et Servain, Catal. Moll. env. Jaulgonne,* p. 20.

Assez rare : dans les alluvions de la Marne entre Thorigny et Pomponne.

Helix unifasciata, Poiret.

Helix unifasciata, Poiret, 1801. *Coq. fluv. et terr. de l'Aisne*, p. 41.
— *candidula*, Dupuy. *Loc. cit.*, p. 282, tab. XIII, fig. 3.
— *unifasciata* (pars), Moquin-Tandon. *Loc. cit.*, p. 234, pl. XVII, fig. 36-41.

Peu commun ; dans les endroits secs et arides : sur le flanc des collines qui longent la rive droite de la Marne, de Thorigny à Pomponne.

Helix Heripensis, Mabille.

Helix Heripensis, J. Mabille, 1877. *In Bull. Soc. zool.*, p. 304.

Assez commun ; dans les terrains secs et arides, un peu pierreux : Pomponne, la Madeleine, Carnetin sur la hauteur près du village, Saint-Thibault. — C'est cette forme que la plupart des auteurs désignent à tort sous le nom d'*Helix striata*.

Helix Thuillieri, Mabille.

Helix Thuillieri, J. Mabille, 1877. *In Bull. Soc. zool.*, p. 304.

Assez commun ; paraît vivre dans les mêmes conditions d'habitat que l'*Helix Heripensis*, mais de préférence dans des sites un peu moins élevés. — Cette forme, voisine de la précédente, se distinguera facilement à sa spire moins conique avec le sommet obtus, tandis que celui de l'*Helix Heripensis* est subaigu ; à l'accroissement plus régulier de ses tours de spire ; à la forme subcomprimée du dernier tour qui est, au contraire, arrondi chez l'*H. Heripensis ;* à la forme moins arrondie de l'ouverture.

Helix loroglossicola, J. Mabille.

Helix loroglossicola, J. Mabille, 1877. *In Bull. Soc. zool.*, p. 304.

Très rare ; un seul individu dans les alluvions de la Marne à Pomponne. — Cet *Helix* diffère de l'*H. Heripensis* par son test moins brillant, par la forme déprimée de sa spire qui est presque aplatie en dessus, tandis qu'en dessous la coquille est fortement renflée, par ses tours de spire à croissance plus rapide, par son avant-dernier tour obtusément caréné avec le dernier arrondi et dilaté vers l'ouverture, enfin par son ouverture exactement arrondie.

Helix Gesocribatensis, Bourguignat.

Helix Gesocribatensis, Bourguignat, 1880. *In Locard. Études var. malac.*, I, p. 37.

Assez rare ; dans les mêmes conditions d'habitat que l'*Helix Heripensis* mais de préférence sur les hauteurs : les champs et les vignes qui avoisinent le village de Carnetin. — Cette forme se distingue des autres Hélices du groupe des striées par son galbe essentiellement conique, par la forme élevée de sa spire, par l'étroitesse de son ombilic, etc.

Helix intersecta, Poiret.

Helix intersecta, Poiret, 1801. *Coq. fluv. et terr. de l'Aisne*, p. 81.
— — Dupuy. *Loc. cit.*, p. 280, tab. XIII, fig. 1.
— — Moquin-Tandon. *Loc cit.*, p. 241 (pars).

Rare ; dans les endroits un peu secs : au pied des coteaux qui longent la rive droite de la Marne entre Thorigny et Pomponne.

Helix ericetorum, Müller.

Helix ericetorum, Müller, 1774. *Verm. terr. et fluv. hist.*, II, p. 33.
— — Dupuy. *Loc. cit.*, p. 288, tab. XIII, fig. 7.
— — Moquin-Tandon. *Loc. cit.*, p. 252, pl. XVIII, fig. 30-32; et pl. XIX, fig. 1-3.

Très commun ; dans les endroits un peu secs et chauds, pierreux : presque partout ; grands et beaux échantillons sur la rive droite de la Marne, au pied de la colline de Dampmart.

Helix variabilis, Draparnaud.

Helix variabilis. Draparnaud, 1805. *Hist. moll.*, p. 84, pl. V, fig. 11-12.
— — Dupuy. *Loc. cit.*, p. 294, tab. XIV, fig. 3.
— — Moquin-Tandon. *Loc. cit.*, p. 262 (pars).

Peu commun ; dans les alluvions de la Marne, entre Thorigny et Pomponne. — Forme parfaitement caractérisée, mais de taille très variable, probablement acclimatée dans le pays.

Helix lauta, Lowe.

Helix lauta, Lowe, 1831. *Prim. faun. Mader.*, p. 53, t. V, fig. 9.
— *submaritima*, Dupuy. *Loc. cit.*, p. 293, pl. XIV, fig. 1.
— *variabilis* (pars), Moquin-Tandon. *Loc. cit.*, p. 263.

Assez rare ; avec l'*Helix variabilis*. — Ces deux formes souvent confondues par bien des auteurs, sont très nettement distinctes, et les types que nous avons récoltés aux environs de Lagny, ne présentent pas la moindre ambiguïté. L'*Helix lauta* diffère de l'*H. variabilis* par sa spire moins élevée, moins conique, par son dernier tour plus aplati, parfois subcaréné, jamais arrondi, enfin par son ombilic un peu plus élargi; c'est une forme beaucoup plus communément répandue sur tout le continent français que l'*H. variabilis*.

Genre BULIMUS, Scopoli.

Bulimus obscurus, Müller.

Helix obscurus, Müller, 1774. *Verm. terr. et fluv. hist.*, II, p. 103.
Bulimus obscurus, Dupuy. *Loc. cit.*, p. 318, tab. XV, fig. 6.
— — Moquin-Tandon. *Loc. cit.*, p. 291, pl. XXI, fig. 5-10.

Assez commun; dans les endroits frais et humides, sous les vieux bois et les vieux murs : les environs de Lagny, Saint-Thibault, Chigny, Dampmart, Pomponne, etc.

Bulimus montanus, Draparnaud.

Bulimus montanus, Draparnaud, 1801. *Tabl. moll.*, p. 65. — *Hist. moll.*, p. 74, pl. IV, fig. 22.
— — Dupuy. *Loc. cit.*, p. 316, tab. XV, fig. 5.
— — Moquin-Tandon. *Loc. cit.*, p. 289, pl. XXI, fig. 1-4.

Rare; nous n'en avons rencontré qu'une seule coquille morte dans le bois de Chigny, derrière la ferme du château.

Genre CHONDRUS, Cuvier.

Chondrus tridens, Müller.

Helix tridens, Müller, 1774. *Verm. terr. et fluv. hist.*, II, p. 106.
Pupa tridens, Dupuy. *Loc. cit.*, p. 374, tab. XVIII, fig. 7.
Bulimus tridens, Moquin-Tandon. *Loc. cit.*, p. 297, pl. XXI, fig. 25-30.

Assez rare; sous les pierres, dans les endroits un peu secs : entre Chalifert et Chesy, sur le bord des chemins aux environs de Gouvernes.

Genre FERUSSACIA, Risso.

Ferussacia subcylindrica, Linné.

Helix subcylindrica, Linné, 1767. *Systema naturæ*, éd. XII, p. 1248.
Zua lubrica, Dupuy. *Loc. cit.*, p. 330, tab. XV, fig. 9.
Bulimus subcylindricus, Moquin-Tandon. *Loc. cit.*, p. 304, pl. XXII, fig. 15-19.

Assez commun; dans les endroits frais et humides, dans les prés, au pied des arbres : dans toute la vallée de la Marne.

Genre CŒCILIANELLA, Bourguignat.

Cœcilianella acicula, MÜLLER.

Buccinum acicula, Müller, 1774. *Verm. terr. et fluv. hist.*, II, p. 150.
Achatina acicula, Dupuy. *Loc. cit.*, p. 237, tab. XV, fig. 6.
Bulimus acicula, Moquin-Tandon. *Loc. cit*, p. 309, pl. XII, fig. 32-33.

Assez rare; nous ne l'avons observé que dans les alluvions de la Marne, entre Thorigny et Pomponne.

Genre CLAUSILIA, Draparnaud.

Clausilia laminata, MONTAGU.

Turbo laminatus, Montagu, 1807. *Test. Brit.*, p. 359, pl. II, fig. 5.
Clausilia laminata, Dupuy. *Loc. cit.*, p. 343, tab. XVI, fig. 6.
— — Moquin-Tandon. *Loc. cit.*, p. 318, pl. XXIII, fig. 2-8.

Peu commun; au pied des vieux troncs d'arbres : le bois de Chigny, les environs de Quinquengrogne, de Gouvernes, etc.

Clausilia parvula, STUDER.

Helix parvula, Studer, 1789. *Faun. Hel.*, *in Coxe*, *Trav. Sw.*, III, p. 135.
Clausilia parvula, Dupuy. *Loc. cit.*, p. 352, tab. XVI, fig. 12.
— — Moquin-Tandon. *Loc. cit.*, p. 330, pl. XXV, fig. 1-5.

Commun; sur les pierres, sur les troncs d'arbres : presque partout.

Genre BALIA, Leach.

Balia perversa LINNÉ.

Turbo perversus, Linné, 1758. *Systema naturæ*, éd. X, p. 767.
Balæa fragilis, Dupuy. *Loc. cit.*, p. 369, tab. XVIII, fig. 5-6.
Pupa perversa, Moquin-Tandon. *Loc. cit.*, p. 349, pl. XXV, fig. 6-14.

Peu commun; sous les écorces des troncs d'arbres, notamment des grands peupliers qui bordent la Marne sur la rive gauche à l'ouest de Lagny.

Genre PUPA, Lamarck.

Pupa secale, DRAPARNAUD.

Pupa secale, Draparnaud, 1801. *Tabl. Moll.*, p. 50.— *Hist. moll.*, p. 64, pl. III, fig. 49-50.
— — Dupuy. *Hist. moll.*, p. 384, tab. XIX, fig. 4.
— — Moquin-Tandon. *Hist. moll.*, p. 366, pl. XXVI, fig. 26-29.

Rare; sur les coteaux, entre Carnetin et Annet, derrière les platrières; dans les alluvions de la Marne, vers Pomponne.

Genre PUPILLA, Leach.

Pupilla muscorum, Linné.

Turbo muscorum, Linné, 1758. *Systema naturæ*, éd. X, p. 767.
Pupa muscorum, Dupuy. *Loc. cit.*, p. 407, tab. XX, fig. 10.
— — Moquin-Tandon. *Loc. cit.*, p. 392, pl. XXVIII, fig. 5-15.

Commun; dans les endroits très frais, dans les mousses et les herbes, au bord de l'eau : la source de Graverolles près des carrières de Carnetin, les bords de la Marne, les îles de Quinquengrogne, etc.

Pupilla triplicata, Studer.

Pupa triplicata, Studer, 1820. *Kurz. verzeichn. conch.*, p. 89.
— — Dupuy. *Loc. cit.*, p. 409, tab. XX, fig. 8.
— — Moquin-Tandon. *Loc. cit.*, p. 395, pl. XXVIII, fig. 16-19.

Assez rare ; nous l'avons cependant récolté à diverses reprises dans les alluvions de la Marne, entre Thorigny et Pomponne.

Genre ISTHMIA, Gray.

Isthmia muscorum, Draparnaud.

Pupa muscorum, Draparnaud, 1801. *Tabl. moll.*, p. 56 (n. Linné, Müller).
— *minutissima*, Dupuy. *Loc. cit.*, p. 424, tab. XX, fig. 13.
Vertigo muscorum Moquin-Tandon. *Loc. cit.*, p. 399, pl. XXVIII, 20-24.

Assez rare ; dans les alluvions de la Marne, entre Thorigny et Pomponne.

Genre VERTIGO, Müller.

Vertigo antivertigo, Draparnaud.

Pupa antivertigo, Draparnaud, 1801. *Tabl. moll.*, p. 57. — *Hist. moll.*, p. 60, pl. III, fig. 32-33.
— — Dupuy. *Loc. cit.*, p. 417, tab. XX, fig. 15.
Vertigo antivertigo, Moquin-Tandon. *Loc. cit.*, p. 407, pl. XXIX, fig. 4-7.

Rare ; quelques individus dans les alluvions de la Marne, vers Pomponne.

Vertigo pygmæa, Draparnaud.

Pupa pygmæa, Draparnaud, 1801. *Tabl. moll.*, p. 55. — *Hist.*, p. 60, pl. III, fig. 30-31.
— — Dupuy. *Loc. cit.*, p. 416, tab. XX, fig. 12.
Vertigo pygmæa, Moquin-Tandon. *Loc. cit.*, p. 405, pl. XXVIII, fig. 37-49 ; pl. XXIX, fig. 1-3.

Rare; vivant sous des pierres, sous des buissons : sur les bords de la Marne entre Lagny et Quinquengrogne ; dans les alluvions de la Marne entre Thorigny et Pomponne.

AURICULIDÆ

Genre CARYCHIUM, Müller.

Carychium minimum, Müller.

Carychium minimum, Müller, 1774. *Verm. terr. et fluv. hist.*, II, p. 125.
— — Bourguignat, 1857. *Aménit. malac.*, II, p. 41, pl. X, fig. 15-16.

Peu commun ; difficile à récolter à cause de sa petite taille : dans les alluvions de la Marne, vis à vis des îles de Quinquengrogne sur la rive gauche, et sur la rive droite entre Thorigny et Pomponne.

Carychium tridentatum, Risso.

Saraphia tridentata, Risso, 1826. *Hist. nat Eur. mérid.*, IV, p. 84.
Carychium tridentatum, Bourguignat, 1857. *Aménit. malac.*, II, p. 44, pl. XV, fig. 12-13.

Très rare ; un seul individu bien caractérisé dans les alluvions de la Marne vers Pomponne. — Rappelons pour mémoire que le joli *Carychium striolatum*, Bourguignat (1), a été également récolté dans les alluvions de la Marne, aux environs de Jaulgonne ; nous ne l'avons pas trouvé à Lagny.

PULMONOBRANCHIATA

LIMNÆIDÆ

Genre PLANORBIS, Guettard.

Planorbis complanatus, Linné.

Helix complanata, Linné, 1758. *Syst. nat.*, éd. X, p. 769 (n. Mont.)
Planorbis complanatus, Dupuy. *Loc. cit.*, p. 445, tab. XXI, fig. 5.
— — Moquin-Tandon. *Loc. cit.*, p. 423, pl. XXX, fig. 18-28.

Assez commun; les eaux de la Marne, presque partout; fossés des douves de Pomponne.

(1) Bourguignat, 1855. *Aménit. Malac.*, II, p. 46, pl. X, f. 11-12.

Planorbis carinatus, Müller.

Planorbis carinatus, Müller, 1776. *Verm. terr. hist.*, II, p. 175.(n. Stud.)
— — Dupuy. *Loc. cit.*, p. 444, tab. XXI, fig. 7.
— — Moquin-Tandon. *Loc. cit.*, p. 431, pl. XXX, fig. 29-33.

Assez rare ; les eaux de la Marne, près des îles de Quinquengrogne, et plus particulièrement sur la rive gauche.

Planorbis vortex, Linné.

Helix vortex, Linné, 1758. *Systema naturæ*, éd. X, I, p. 772.
Planorbis vortex, Dupuy. *Loc. cit*, p. 442, tab. XXI, fig. 10.
— — Moquin-Tandon. *Loc. cit.*, p. 433, pl. XXX, fig. 34-37.

Peu commun ; dans quelques pièces d'eau des jardins des environs de Lagny ; dans les eaux de la Marne et plus particulièrement dans les parties les moins courantes.

Planorbis rotundatus, Poiret.

Planorbis rotundatus, Poiret, 1801. *Coq. de l'Aisne*, p. 93 (n. A. Brong).
— *leucostoma*. Dupuy. *Loc. cit.*, p. 439, tab. XXI, fig. 11.
— *rotundatus*, Moquin-Tandon, *Loc. cit.*, p. 435, pl. XXX, f. 38-40.

Assez rare ; les eaux de la Marne, à l'ouest de Lagny, sur la rive gauche ; les douves de Pomponne.

Planorbis contortus, Linné.

Helix contorta, Linné, 1758. *Systema naturæ*, éd. X, I, p. 770.
Planorbis contortus, Dupuy. *Loc. cit.*, p. 433, tab. XXI, fig. 2.
— — Moquin-Tandon. *Loc. cit.*, p. 443, pl. XXXI, f. 24-31.

Peu commun ; dans les eaux de la Marne vers les îles de Quinquengrogne ; entre Carnetin et Annet.

Planorbis albus, Müller.

Planorbis albus, Müller, 1774. *Verm. terr. et fluv. hist.*, II, p. 165.
— — Dupuy. *Loc. cit.*, p. 475, tab. XXI, fig. 4.
— — Moquin-Tandon. *Loc. cit.*, p. 440, pl. XXI, fig. 12-19

Planorbis corneus, Linné.

Helix cornea, Linné, 1758. *Systema naturæ*, éd. X, I, p. 774.
Planorbis corneus, Dupuy. *Loc cit.*, p. 431, tab. XXI, fig. 6.
— — Moquin-Tandon. *Loc. cit.*, p. 445, pl. XXXI, f. 32-38.

Assez commun ; dans les eaux de la Marne, un peu partout.

Genre LIMNÆA, Brugnière.

Limnæa auricularia, LINNÉ.

Helix auricularia, Linné, 1758. *Systema naturæ*, éd. X, I, p. 774.
Limnæa auricularia, Dupuy. *Loc. cit.*, p. 480, tab. XXII, fig. 78.
— — Moquin-Tandon. *Loc. cit.*, p. 462, pl. XXIII, fig. 21-31 ; pl. XXXIV, fig. 3-10.

Assez commun ; sur les tiges des plantes ou sur la vase : dans les parties les plus tranquilles des eaux de la Marne, sur tout son parcours

Limnæa canalis, VILLA.

Limnæa canalis, Villa, 1851. *In Dupuy, Hist. moll.*, p. 482, tab. XXII, f. 22.
— *auricularia* (var.), Moquin-Tandon. *Loc. cit.*, p. 463, pl. XXXIV, f. 2.

Assez commun ; sur les tiges des plantes, et rampant sur la rive, dans les eaux de la Marne, sur tout son parcours.

Limnæa limosa, LINNÉ.

Helix limosa, Linné, 1758. *Systema naturæ*, éd. X, I, p. 774.
Limnæa ovata, Dupuy. *Loc. cit.*, p. 475, tab. XXII, fig. 11-13 ; tab. XXIII, fig. 1-3.
— *limosa*, Moquin-Tandon. *Loc. cit.*, p. 465, pl. XXXIV, fig. 11-12.

Très commun ; dans les fossés, les fontaines, les ruisseaux, et dans la Marne : presque partout.

Limnæa peregra, MÜLLER.

Buccinum peregrum, Müller, 1774. *Verm. terr. et fluv. hist.*, II, p. 130.
Limnæa peregra, Dupuy. *Loc. cit.*, p. 472, tab. XXIII, fig. 6.
— — Moquin-Tandon. *Loc. cit.*, p. 468, pl. XXXIV, f. 13-16.

Assez rare ; dans les alluvions de la Marne vis à vis des îles de Quinquengrogne et à Pomponne.

Limnæa truncatula, MÜLLER.

Buccinum truncatulum, Müller, 1774. *Verm. terr. hist.*, II, p. 130.
Limnæa minuta, Dupuy. *Loc. cit.*, p. 469, tab. XXIV, fig. 1.
— *truncatula*, Moquin-Tandon. *Loc. cit.*, p. 473, pl. XXXIV, fig. 21-24.

Rare ; dans les eaux d'une petite fontaine, au bas de la route qui conduit de Lagny au château de Chigny, et dans le ruisselet qui longe la route tout près du château.

Limnæa palustris, Müller.

Buccinum palustre, Müller, 1774. *Verm. terr. et fluv. hist.*, II, p. 135.
Limnæa palustris, Dupuy. *Loc. cit.*, p. 465, tab. XXII, fig. 7.
— — Moquin-Tandon. *Loc. cit*, p. 475, tab. XXXIV, fig. 25-35 (non fig. 29.)

Rare; les alluvions de la Marne à Pomponne et à Quinquengrogne; les douves de Pomponne.

Limnæa stagnalis, Linné.

Helix stagnalis, Linné, 1758. *Systema naturæ*, éd. X, I, p. 774.
Limnæa stagnalis, Dupuy. *Loc. cit.*, p. 467 (pars).
— — Moquin-Tandon. *Loc. cit.*, p. 471 (pars).

Peu commun ; dans les eaux de la Marne, entre la rive gauche et les îles de Quinquengrogne. — La forme que nous avons récoltée est de taille assez petite et de forme élancée, avec la columelle épaisse, peu tordue et continue presque jusqu'à la base.

ANCYLIDÆ

Genre ANCYLUS, Draparnaud.

Ancylus simplex, Buc'hoz.

Lepas simplex, Buc'hoz, 1771. *Aldrov. Lothar.*, p. 236.
Ancylus fluviatilis, Dupuy. *Loc. cit.*, p. 490 (pars).
— — Moquin-Tandon. p. 484 (var).

Assez commun ; sur les pierres, le long des rives de la Marne; dans les ruisselets des alentours de Pomponne.

Ancylus lacustris, Linné.

Patella lacustris, Linné, 1758. *Systema naturæ*, éd. X, I, p. 783.
Ancylus lacustris, Dupuy. *Loc. cit.*, p. 497, tab. XXVI, fig. 7.
— — Moquin-Tandon. *Loc. cit.*, p. 488, pl. XXXVI, f. 50-55.

Assez commun; sous les plantes aquatiques : le long des rives de la Marne, sur presque tout son parcours.

GASTEROPODA OPERCULATA

PULMONACEA

CYCLOSTOMIDÆ

Genre CYCLOSTOMA, Draparnaud.

Cyclostoma elegans, MÜLLER.

Nerita elegans, Müller, 1774. *Verm. terr. et fluv. hist.*, II, p. 117.
Cyclostoma elegans, Dupuy. *Loc cit.*, p. 504, tab. XXVI, fig. 8.
— — Moquin-Tandon. *Loc.cit.*, p. 496, pl. XXXVII, fig. 3-28.

Assez commun; dans les endroits frais, humides, un peu pierreux, sous les haies, les taillis, les broussailles : presque partout.

Cyclostoma asteum, BOURGUIGNAT.

Cyclostoma asteum, Bourguignat, 1875. *In Mabille, In Rev. et mag. zool.*, p. 154.

Commun ; sous les haies, les taillis, les broussailles, dans les endroits frais, un peu humides : les fossés de la route entre Thorigny et Pomponne, les environs de Lagny et de Thorigny, les bois et fourrés entre Carnetin et Annet, bois des Vallières, etc.

BRANCHIATA

PALUDINIDÆ

Genre VIVIPARA, Lamarck.

Vivipara fasciata, MÜLLER.

Nerita fasciata, Müller, 1774. *Verm. terr. et fluv. hist*, II, p. 182.
Vivipara fasciata, Dupuy. *Loc. cit.*, p. 540, tab. XXVII, fig. 6.
Paludina vivipara, Moquin-Tandon. *Loc. cit.*, p. 535, pl. XL, fig. 25

Très abondant ; dans tout le parcours de la Marne.

Genre BYTHINIA, Gray

Bythinia tentaculata, Linné.

Helix tentaculata, Linné, 1758. *Systema naturæ*, éd. X, I, p. 774.
Paludina tentaculata, Dupuy. *Loc. cit.*, p. 543, tab. XXVII, fig. 7.
Bythinia tentaculata, Moquin-Tandon. *Loc. cit.*, p. 528, pl. XXXIX, fig. 23-43

Très commun; dans tout le parcours de la Marne. — On trouve, mais beaucoup plus rarement, quelques individus appartenant à la var. *producta*, Menke (1).

VALVATIDÆ

Genre VALVATA, Müller.

Valvata contorta, Menke.

Valvata contorta, Menke, 1845. *Zeitschr. fur malak.*, p. 115.

Rare; quelques échantillons bien typiques dans les alluvions de la Marne à Pomponne; les douves de Pomponne.

Valvata piscinalis, Müller.

Nerita piscinalis, Müller, 1774. *Verm. terr. et fluv. hist.*, II, p. 172.
Valvata piscinalis, Dupuy. *Loc. cit.*, p. 587, tab. XXXVIII, fig. 13.
— — Moquin-Tandon. *Loc. cit.*, p. 540, pl. XLI, fig. 1-25.

Peu commun; dans les parties tranquilles et vaseuses des bords de la Marne, sur tout son parcours, et plus particulièrement entre Lagny et Chelles; les douves de Pomponne.

Valvata obtusa, Studer.

Nerita obtusa, Studer. 1789. *Faun. Helvet., in Coxe, Trav. Switz*, III, p. 430.

Assez commun; sur toutes les rives de la Marne.

NERITINIDÆ

Genre NERITINA, Lamarck.

Neritina fluviatilis, Linné.

Nerita fluviatilis, Linné, 1758. *Systema naturæ*, éd. X, I, p. 777.
Neritina fluviatilis, Dupuy. *Loc. cit.*, p. 591, tab. XXIX, fig. 1.
Nerita fluviatilis. Moquin-Tandon. *Loc. cit.*, p. 549, pl. XLII.

Très commun; dans tout le parcours de la Marne. — Nous reconnaissons les var. *virescens*, *imbricata*, *maculata*, *scripta* et *unicolor* de Moquin-Tandon.

(1) Menke, 1830. *Syn. moll.*, p. 41.

ACEPHALA

LAMELLIBRANCHIATA

SPHÆRIDÆ

Genre SPHÆRIUM, Scopoli.

Sphærium rivicola, LEACH.

Cyclas rivicola, Leach. *In Lamarck*, 1818, *Anim. s. vert.*, X, p. 558.
— — Dupuy. *Loc. cit.*, p. 665, tab. XXIX, fig. 3.
— — Moquin-Tandon. *Loc. cit*, p. 590, pl. LII, fig. 47, 50; pl. LIII, fig. 1 16.

Assez commun; dans les eaux de la Marne, et plus particulièrement entre Chelles et Chalifert; plus rare au delà. — Nous n'avons pas retrouvé le *Sphærium Bourguignati*, signalé par MM. Lallemant et Servain dans les mêmes eaux, à Jaulgonne (1).

Sphærium corneum, LINNÉ.

Tellina cornea, Linné, 1758. *Systema naturæ*, éd. X, I, p. 678.
Cyclas cornea, Dupuy, *Loc. cit.*, p. 666, tab. XXIX, fig. 4.
— — Moquin-Tandon. *Loc. cit.*, p. 591, pl. LIII, fig. 17-30.

Commun; les parties vaseuses et tranquilles des eaux de la Marne; Pomponne, dans les petits ruisseaux.

Genre PISIDIUM, C. Pfeiffer.

Pisidium amnicum, MÜLLER.

Tellina amnica, Müller, 1774. *Verm. terr. et fluv. hist.*, II, p. 205.
Pisidium amnicum, Dupuy. *Loc. cit.*, p. 679, tab. XXX, fig. 1.
— — Moquin-Tandon. *Loc. cit.*, p. 583, tab. LII, f. 11-15.

Assez commun; les parties vaseuses et tranquilles des eaux de la Marne, entre Lagny et Chalifert; les douves de Pomponne.

(1) Lallemant et Servain, 1869. *Catal. moll. env. Jaulgonne*, p. 46.

Pisidium Casertanum, Poli.

Cardium Casertanum, Poli, 1791. *Test. utr. Siciliæ*, I, p. 65, tab. XVI, fig. 1 (n. Risso).
Pisidium Cazertanum, Moquin-Tandon. *Loc. cit.*, p. 584, pl. LII, f. 16-32

Rare ; dans les alluvions de la Marne près de Pomponne.

UNIONIDÆ

Genre UNIO, Philippsson.

Unio rhomboïdeus, Schröter.

Mya rhomboïdea. Schröter, 1779. *Fluss. conch.*, p. 186, pl. II, fig. 3.
Unio littoralis, Dupuy. *Loc. cit.* p. 632, tab. XXIII, fig. 8 ; tab XXIV, fig. 5, 6, 8.
— *rhomboïde*, Moquin-Tandon. *Loc. cit.*, p. 568, pl. XLVIII, fig. 4-9 ; pl. XLIX, fig. 1-2.

Très abondant ; dans toute la Marne.

Unio Requieni, Michaud.

Unio Requieni, Michaud, 1831. *Compl. Hist. moll.*, p. 103, pl. XVI, fig 24.
— — Dupuy. *Loc. cit.*, p. 652, tab. XXVI, fig. 18.
— — Moquin-Tandon. *Loc. cit.*, p. 574, pl. L, fig. 5-7.

Rare : la Marne, à l'est de Lagny.

Unio Batavus, Nilsson.

Unio Batavus, Nilsson, 1822. *Hist. moll. Sueccicæ*, p. 112, n. 8.
— — Dupuy. *Loc. cit.*, p. 638, tab. XXV, fig. 14-15.
— — Moquin-Tandon. *Loc. cit.*, p. 571, pl. XLIX, fig. 78.

Très commun ; dans toute la Marne.

Unio amnicus, Ziegler.

Unio amnicus, Ziegler, 1836. *In Rossmässler*, *Iconogr.*, III., p. 31, pl. XV, fig. 212.
Unio nanus, Dupuy. *Loc. cit*, p. 641.
— *batavus*, Moquin-Tandon. *Loc. cit.*, p. 572 (var).

Peu commun ; çà et là dans les eaux de la Marne.

Unio pictorum, Linné.

Unio pictorum, Linné, 1758. *Systema naturæ*, éd. X, I, p. 67.
— — Dupuy. *Loc. cit.*, p. 647, tab. XXVI, fig. 20.
— — Moquin-Tandon. *Loc. cit.*, p. 576, pl. L, fig. 8-10 ; pl. LI, fig. 170.

Très commun ; dans toutes les eaux de la Marne.

Genre ANODONTA, Cuvier.

Anodonta arenaria, SCHRÖTER.

Mya arenaria, Schröter, 1779. *Flussconch*, p. 165, pl. II, fig. 1.
Anodonta arenaria, Bourguignat, 1860. *Malac. de la Bretagne*, p. 78.

Peu commun ; dans les parties vaseuses et couvertes de roseaux de la Marne.

Anodonta anatina, LINNÉ.

Mytilus anatinus, Linné, 1758. *Systema naturæ*, éd. X, I, p. 706.
Anodonta anatina, Dupuy. *Loc. cit*, p. 610, tab. XIX, fig. 13.
— — Moquin-Tandon, *Loc. cit.*, p. 558 (pars).

Peu commun ; dans les parties vaseuses de la Marne.

DREISSENSIDÆ

Genre DREISSENSIA, van Beneden.

Dreissensia fluviatilis, BOURGUIGNAT.

Mytilus polymorphus, Pallas, 1754. *Voy. de Russie, app.*, p. 212.
Dreissena polymorpha, Dupuy. *Loc. cit.*, p. 654, tab. XXIX, fig. II.
— *polymorpha*, Moquin-Tandon. *Loc. cit.*, p. 598, pl. LIV.
— *fluviatilis*, Bourguignat, 1856. *Amén. malac.*, I, p. 161.

Très abondant; tout le long du cours de la Marne.

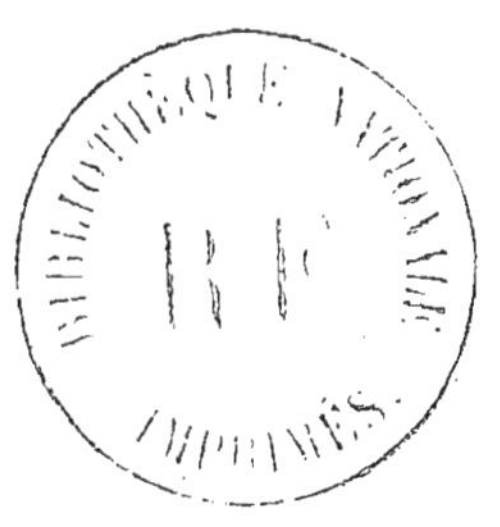

FIN

LYON. — IMPRIMERIE PITRAT AÎNÉ, RUE GENTIL, 4.

www.ingramcontent.com/pod-product-compliance
Ingram Content Group UK Ltd.
Pitfield, Milton Keynes, MK11 3LW, UK
UKHW022154190726
13855UKWH00004B/1471

9 782013 577861